Marianne Kempe, Elisabeth Lemke

Artischockentechnik

Phantasievolle Motive

ENGLISCH VERLAG

Die Deutsche Bibliothek – CIP-Einheitsaufnahme
Artischockentechnik – phantasievolle Motive / Marianne Kempe und Elisabeth Lemke. –
Wiesbaden: Englisch, 1996
ISBN 3-8241-0690-6

ISBN 3-8241-0690-6

Fotos Peter Wolf
Printed in Germany

Die Ratschläge in diesem Buch sind von den Autorinnen und vom Verlag sorgfältig erwogen und geprüft, dennoch kann eine Garantie nicht übernommen werden. Eine Haftung der Autorinnen bzw. des Verlages und seiner Beauftragten für Personen-, Sach- und Vermögensschäden ist ausgeschlossen. Eine gewerbliche Nutzung der Vorlagen und Abbildungen ist verboten und nur mit ausdrücklicher Genehmigung des Verlages gestattet.

Inhaltsverzeichnis

Vorwort

Die Artischockentechnik liegt nach wie vor voll im Trend, und immer mehr Menschen werden von der Bastellust ergriffen, aus den wunderschönen Bändern, Kordeln, Seidenblumen und sonstigem Zubehör, was der Bastelhandel anbietet, schöne Kugeln zu arbeiten.
Aber es werden nicht nur Kugeln, sondern inzwischen auch eine Vielzahl von anderen Styroporartikeln angeboten.
Deshalb habe ich mich mit meiner Mutter, Elisabeth Lemke, zusammengesetzt, und wir haben uns von den Bändern, Kordeln, Seidenblumen und Styroporformen inspirieren lassen. Sehen Sie selbst, welche Ideen uns gekommen sind.

Wir wünschen Ihnen viel Spaß beim Nacharbeiten und hoffen, daß Sie auch solche Freude an Ihren „Werken“ haben wie wir.
Ihre

Marianne Kempe
Elisabeth Lemke

Material und Werkzeug

Um die in diesem Buch vorgestellten Motive nachzuarbeiten, benötigen Sie folgendes Material und Werkzeug:

verschiedene Styroporgrundformen
farblich aufeinander abgestimmte Bänder, ca. 4 cm breit
Stecknadeln
Schere
Stift
Heißklebepistole
für Styropor geeigneter Klebstoff
Puppen- oder Teddyaugen
Bastelfarbe
verschiedene Dekorationsmaterialien

Den genauen Materialbedarf finden Sie bei den einzelnen Motiven.

Artischockentechnik

Hier zeigen wir Ihnen das Bestecken einer Kugel mit Artischockentechnik. Grundsätzlich können Sie jede Grundform auf diese Weise arbeiten. Auf Besonderheiten weisen wir bei den einzelnen Motiven hin.
Zunächst schneiden Sie Ihr Band in Stücke. Die Stücke sind doppelt so lang wie breit, d.h. bei 4 cm Breite sind sie 8 cm lang, bei 3,5 cm Breite 7 cm lang usw.
Jetzt falten Sie diese Stücke vor, und zwar einmal in der Mitte und dann die Ecken zur Mitte, so daß ein Dreieck entsteht:

Schritt 1
Nun markieren Sie Ihre Styroporkugel mit einem Stift, damit Sie später beim Feststecken der Bänder Hilfslinien haben.

Schritt 2
Das erste Band-Dreieck wird festgesteckt. Das Bandstück wird so auf die Mitte der Kugel gesteckt, daß Sie beim Darüberfalten der Ecken die erste Nadel in der Spitze des Dreiecks „verstecken“.
Nun wird das erste Dreieck mit weiteren 4 Nadeln unten fixiert.

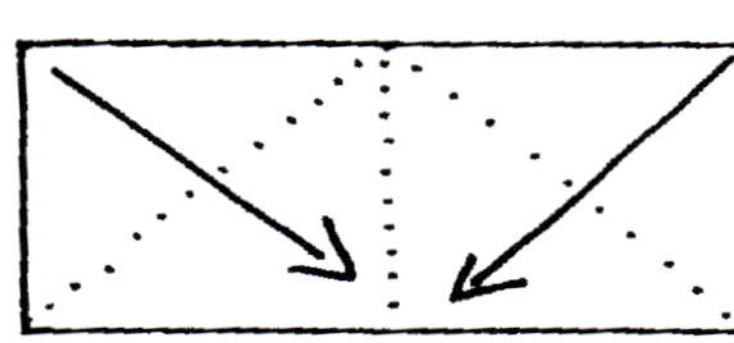

Schritt 3

Das zweite Dreieck wird gegenüber vom ersten Dreieck aufgesteckt, dazwischen die beiden anderen. Diese 4 Dreiecke sind der Anfang für alle Kugeln.
Für die Artischockenkugeln geht es folgendermaßen weiter: Durch die vier Anfangs-Dreiecke ergeben sich 8 Schnittstellen, auf denen Sie im weiteren Verlauf die Spitzen der nächsten Dreiecke ansetzen.

Schritt 4

Sie arbeiten mit dem unifarbenen Band weiter, indem Sie wieder 4 Dreiecke feststecken, aber denken Sie daran, immer gegenüberliegend arbeiten!
Die Spitzen werden nicht mehr festgesteckt.

Schritt 5

Die verbleibenden 4 Schnittstellen werden nun mit dem gemusterten Band besteckt. – Jetzt ist die erste Runde fertig.
Arbeiten Sie in der oben beschriebenen Weise weiter. Sie beginnen hierfür wieder mit dem unifarbenen Band und setzen die Arbeit mit dem gemusterten Band fort. So entsteht der schuppenartige Eindruck.
Am oberen Ende der Kugel lassen Sie bitte ein Stück frei, damit Sie das Aufhängeband und die Schleifen mit dem Draht gut feststecken können.

Patchworktechnik

Patchwork-Kugeln werden im Prinzip genauso gearbeitet wie Artischockenkugeln.
Zunächst wird die Styroporkugel mit einem Stift markiert.
Dann beginnen Sie mit dem Aufstecken der 4 ersten Dreiecke. Sie sehen, die ersten 3 Schritte sind gleich.
Nun geht es etwas anders weiter: Die ersten 4 Dreiecke stecken Sie nämlich auf der gegenüberliegenden Seite gegengleich.
Dann stecken Sie eine Runde mit farbigem Band, insgesamt mit 8 Dreiecken, fest. Die Spitze von jedem Dreieck wird mit einer Nadel auf der Kugel befestigt. In der Mitte der Kugel sehen Sie nun einen Stern aus dem ersten Band. Auf der gegenüberliegenden Seite wiederholen Sie das Ganze.
Dann arbeiten Sie mit dem unifarbenen Band weiter und stecken wieder eine Runde aus 8 Dreiecken, immer Spitze auf Spitze. Vergessen Sie nicht, die Spitzen mit Nadeln zu befestigen. Die andere Seite wird gegengleich gearbeitet. Sie sehen, Sie arbeiten immer in ganzen Runden gegengleich, das heißt, Sie arbeiten gleichzeitig beide Seiten bis zur Mitte der Kugel. Wenn Sie in die Nähe der Mitte kommen, achten Sie bitte darauf, daß die Bänder nicht über die markierte Mittellinie kommen.

Ist das doch der Fall, sollten Sie diese Bänder gleich mit der Schere abschneiden, damit später kein „Wulst“ entsteht, denn über diese Mitte wird ein Band gesteckt, um die Nadeln zu verdecken.

Tips und Tricks

- Es lohnt sich, die verschiedenen Arbeitsschritte für ein Motiv zusammen auszuführen, d.h. zuerst wird alles Band geschnitten, dann werden alle Stücke vorgefaltet (Mittelkniff, dann Dreieck). So sparen Sie Zeit bei den Vorarbeiten.
- Ob Sie die Bänder offen, d.h. die Faltkante nach oben, oder geschlossen, d.h. die Faltkante nach unten, stecken, ist Geschmackssache. Wir entscheiden uns je nach Band. Einfacher ist es, wenn die Ränder nach oben liegen, dann können Sie exakter arbeiten.
- Für die Artischockentechnik besonders geeignet ist Band mit Drahtkante. Allerdings müssen Sie dabei den mittleren Kniff ganz festdrücken, damit der Draht an dieser Stelle auch wirklich ganz geknickt ist. Dann legt sich das Dreieck wie von selbst.
- Wenn Sie Styropor mit Heißkleber verarbeiten, achten Sie darauf, daß der Kleber nicht zu heiß ist, sonst schrumpft das Styropor häufig. Am besten arbeiten Sie mit einer „Niedervolt-Klebepistole“. Natürlich können Sie Styropor auch mit anderem Klebstoff verarbeiten. Achten Sie aber unbedingt darauf, daß er für Styropor geeignet ist.
- Die Aufhängung befestigen Sie am besten so: Legen Sie das Band zum Aufhängen doppelt, und umwickeln Sie es unten mit Blumendraht, der dann tief in die Kugel eingeschoben wird, damit das Band auch hält.
- Eine schöne Schleifendekoration können Sie folgendermaßen arbeiten:

Aus dem Schleifenband werden 3 gleichgroße Stücke von jeweils ca. 50 cm geschnitten, aus dem verbleibenden Rest des Aufhängebandes ebenfalls 3 gleichgroße Stücke. Aus dem halben Meter Band binden Sie eine Schleife mit 3 „Ohren“ und legen das schmale Bändchen dazwischen. In der Mitte legen Sie Blumendraht darüber und zwirbeln diesen hinten mit der Kombizange fest zusammen. So gestalten Sie drei Schleifen, die dann mittels des Drahtes rings um das Aufhängeband in die Kugel gesteckt werden, damit die Kugel von allen Seiten gleich schön dekoriert ist.

Bunte Blumenmotive

Seerosen

Diese Seerosen sind sehr schnell zu arbeiten.
Sie können gut Ihre Bandreste verwenden, denn der Materialbedarf ist nicht groß.

Material für 1 Seerose

- 1 Styroporkugel, 5–6 cm Durchmesser
- gelber Bandrest für die Mitte
- ca. 1,2–1,5 m gemustertes oder einfarbiges Band, 2,5 cm breit
- ca. 70 cm grünes Band für die Blätter, 4 cm breit
- Stecknadeln
- Schere

Anleitung

Zunächst schneiden Sie die Bänder zurecht, das 4 cm breite Band in 8 cm lange Stücke und das 2,5 cm breite in 5 cm lange Stücke. Die Stücke werden vorgefaltet.
Die Mitte wird genau wie bei den Kugeln gearbeitet (s. S. 6), hier mit 4 gelben Stücken.
Dann beginnen Sie mit der Blütenfarbe. Die ersten vier Stücke werden sehr dicht in der Mitte Spitze auf Spitze festgesteckt, so daß die Blüte geschlossen aussieht und von der gelben Mitte nur ein Hauch zu sehen ist, wie bei der weißen Blume. Sie

können die Blüte natürlich auch etwas offener arbeiten.
Die nächsten 4 Stücke werden mit gewohntem Abstand versetzt gesteckt.
In dieser Weise arbeiten Sie ca. 5–6 versetzte Runden mit je 4 Stücken, bis die Blüte Form annimmt.
Jetzt arbeiten Sie den Abschluß mit den grünen Blättern. Hierzu werden die Dreiecke zunächst wie gewohnt gefaltet, dann aber am unteren Teil zusammengerafft, so daß die Form eines Blattes entsteht. Stecken Sie sie mit Nadeln fest.

Tip: Die Seerosen sehen als Tischdekoration wunderschön in einer Schale aus, aber auch einzeln wirken sie gut.
Wenn Sie für die Blume Bänder mit Draht verwenden, können Sie die Blätter schön in Form biegen.

Tulpen

Wäre ein Strauß mit diesen Tulpen nicht ein Blickfang in einer schönen Vase?

Die Tulpe kann schnell und auch von Anfängern leicht nachgearbeitet werden.

Material für 1 Tulpe

- 1 Styroporei, hier 6 cm hoch
- 1 Holzstab
- kleine grüne Blätter
- Rest von grüner Wellpappe oder Moosgummi
- ca. 1,8–2 m Band mit Drahtkante, 4 cm breit
- 1 Päckchen Stecknadeln
- Schere

Anleitung

Die Bänder müssen hier viel länger geschnitten werden, da das ganze Ei von außen bedeckt wird.
Zunächst schneiden Sie 4 Stücke von 8 cm Länge und falten sie zu einem Dreieck.
Diese vier Dreiecke werden oben auf dem Ei festgesteckt, wie bei der Kugel (s. S.6).
Für die zweite Runde werden 4 Stücke Band ca. 12–15 cm lang zugeschnitten und so festgesteckt, daß die Spitze nach dem Umbiegen immer noch höher als das Ei ist. Unten wird das Band mit Nadeln fixiert.
Für die letzte Runde mit 4 Stücken schneiden Sie das Band ca. 20 cm lang zu und falten es wieder in der Mitte, so daß eine Spitze entsteht.
Jetzt werden die Spitzen so angelegt, daß sie nach dem Umbiegen wieder weit über die mittleren Spitzen gehen.
Unten wird das Band etwas zusammengerafft und festgesteckt.
An den Seiten legen Sie das Band etwas nach innen und stecken die Nadeln unsichtbar von innen fest.
Kleine grüne Blätter aus Seidenblumenresten haben wir am unteren Rand festgeklebt, damit die Stecknadeln verdeckt sind.
Dann wird der Holzstab in die Blüte eingeschoben und eventuell festgeklebt.
Aus Moosgummi oder Wellpappe schneiden Sie Blätter aus und kleben sie an den Stiel.

Tip: Die Tulpen können Sie auch größer arbeiten. Versuchen Sie es mit verschiedenen Größen von Styroporeiern.
Wenn Sie erst mal den „Bogen raushaben“, geht das sehr fix, und Sie haben immer ein schönes Präsent parat.
Es sieht sehr hübsch aus, wenn Sie die ersten 4 Dreiecke in einer anderen Farbe arbeiten. Dann haben Sie eine „gefüllte“ Tulpe.

Sonnenblume

Sonnenblumen für das ganze Jahr?

Mit Artischockentechnik kein Problem!

Material

- 1 Styroporring, ca. 12 cm Außendurchmesser
- 1 Styroporkugel, ca. 8–9 cm Durchmesser

- 1 Rundholzstab für den Stiel
- 1 grünes Blatt
- grünes Kreppwickelband (Floristenkrepp, selbstklebend)
- ca. 2–3 m dunkelbraunes Band für die Dolde, 2,5 cm breit
- ca. 4 m gelbes Band für die Blume, 4 cm breit
- 1 m grünes Band für den Rand der Blume, 4 cm breit
- grüner Filz oder Moosgummi zum Abdecken hinten
- 1 Päckchen Stecknadeln
- Schere

Anleitung

Zunächst wird die Styropor-Kugel in der Mitte durchgeschnitten. Das geht gut mit einem großen Brotmesser. Dann schneiden Sie das dunkelbraune Band in ca. 5 cm lange Stücke und falten sie vor.
Zu Anfang stecken Sie 4 Stücke in der Mitte der Kugel fest (s. S. 6). Hier haben wir in der nächsten Runde 4 gelbe Dreiecke zur Auflockerung miteingearbeitet, dann wird weitergearbeitet, bis die Kugel bedeckt ist.
Nun arbeiten Sie den kleinen Ring. Hierfür schneiden Sie sich das Band in 8 cm lange Stücke. Es wird wie gewohnt vorgefaltet. Beginnen Sie irgendwo außen am Kranz, und stecken Sie die Dreiecke nebeneinander, bis die erste Runde geschlossen ist. Achten Sie dabei darauf, daß am Ende die Stücke aufgehen, d.h., daß die Abstände gleichmäßig verteilt sind.
Die zweite Runde wird versetzt gearbeitet, ebenso die dritte. Bei der vierten und letzten gelben Runde

achten Sie darauf, daß die Stücke so weit in die Mitte reichen, daß die Nadeln ganz innen sind und später von der Kugel verdeckt werden.

Jetzt schneiden Sie das grüne Band in 8 cm lange Stücke und falten sie vor. Die Dreiecke werden auf der Rückseite des Styroporkranzes zwischen den gelben Dreiecken der ersten Runde festgesteckt. Nun können Sie die Kugel von vorne in die Mitte des Kranzes drücken.
Wir haben von hinten zusätzlich etwas Heißkleber darauf verteilt, damit die Kugel festsitzt.
Jetzt wird der Holzstiel von unten her so mit dem Floristenkrepp umwickelt, daß das Blatt gleich mit eingearbeitet wird.
Der Stiel wird mit Heißkleber an der Blüte fixiert.
Nun wird die Blume von hinten mit Filz oder Moosgummi beklebt, damit sie sauber aussieht.

Margerite

Wie Sie sehen, können die verschiedensten Blumen in Artischockentechnik gearbeitet werden (Abb. Margerite S.13).

Material

- 1 Styroporring, ca. 12 cm Durchmesser
- 1 Styroporkugel, ca. 8–9 cm Durchmesser
- 1 Holzrundstab
- grünes Floristenkreppband (selbstklebend)
- 1 grünes Blatt
- ca. 3 m gelbes Band für die Kugel, 2,5 cm breit
- ca. 5 m weißes Band für die Blüte, 2,5 cm breit
- Rest braunes Band für die Mitte (wenn gewünscht)
- weißer Filz oder weißes Moosgummi zum Abdecken hinten
- 1 Päckchen Stecknadeln
- Schere

Anleitung

Die Margerite wird im Prinzip genau wie die Sonnenblume gearbeitet.
Den Kranz haben wir allerdings etwas variiert: Das erste Dreieck wird festgesteckt, gegenüber das nächste, so wie Sie es von den Kugeln her gewohnt sind. Dann wird das nächste Dreieck in die Mitte zwischen die beiden ersten gesteckt usw.
Bei dieser Variante müssen Sie die Abstände sehr viel genauer einhalten, da Sie ja von vier verschiedenen Seiten her arbeiten.
Schauen Sie sich die beiden Varianten auf dem Foto genau an und entscheiden Sie sich dann.
Die Dreiecke liegen hier übereinander und nicht wie bei der Sonnenblume versetzt.
Ansonsten wird die Margerite genau wie die Sonnenblume gearbeitet.

Tip: Sie können natürlich auch andere Farben für diese Blumen verwenden, z.B. Pink und Blau.

Originelle Dekorationen

Großer Hut

Ist das nicht eine tolle Idee? Aus einer halben Kugel können Sie einen schönen Hut arbeiten, der bestimmt an Ihrer Wand gut zur Geltung kommt.

Material

- 1 Styroporkugel, 12 cm Durchmesser
- 1 große Moosgummiplatte im passenden Farbton, 2–3 mm stark
- Schlingenborte im passenden Farbton
- Kordel, Band, Seidenblätter zum Verzieren
- Gewebehaken zum Ankleben
- 3,5 m Band, Farbe nach Geschmack, 4 cm breit
- Stecknadeln
- Schere

Anleitung

Die Styroporkugel wird in der Mitte durchgeschnitten.
Diese halbe Kugel wird nun in der Patchworktechnik besteckt (s. S. 8). Sie können Ihrer Phantasie freien Lauf lassen und verschiedene Muster „entwerfen". Schauen Sie sich die Fotos an, oder verarbeiten Sie einfach Ihre Reste.
Wenn die Kugel fertig besteckt ist, arbeiten Sie am besten aus unifarbenem Band eine „Abschlußreihe". Jetzt können Sie aus der Moosgummiplatte einen Kreis ausschneiden. Als Grundform eignet sich eine Tortenplatte, ein großer Teller usw. Schneiden Sie den Kreis so groß, daß die Plattenbreite ausgenutzt ist. Nun wird die fertige Kugel in die

Mitte des Kreises geklebt. Hier ist wieder die Klebepistole hilfreich – aber Vorsicht – nicht zu heiß werden lassen!!!
Den äußeren Rand des Hutes bekleben Sie mit der Schlingenborte. Arbeiten Sie hierbei möglichst sauber, weil man diesen Rand immer sieht.
Um die Kugel herum haben wir einen Abschluß mit einer Kordel geklebt, damit ein sauberer Übergang entsteht.
Am unteren Rand werden die Blätter und Schleifen fixiert.
Zum Schluß wird hinten noch ein Aufhänger angeklebt.

Hufeisen in Lilatönen

Dieses Glückssymbol soll in diesem Buch nicht fehlen. Vielleicht verschenken Sie es zu einer Hauseinweihung oder einfach mal so . . .

Material

- 1 Styroporhufeisen
- 2,5–3 m gemustertes Band für die Mitte, 4 cm breit
- 3,5 m lilafarbenes Band
- 2 m passendes Schleifenband
- 1 Päckchen Stecknadeln
- Schere

Anleitung

Schneiden Sie die Bänder in 8 cm lange Stücke, und falten Sie sie vor. Am besten markieren Sie sich auf dem Hufeisen mit einem Stift die Linie in der Mitte der Oberseite und die beiden Linien auf den Seitenmitten. Auf diesen Linien legen Sie dann jeweils die Spitzen der Bänder an. So können Sie leichter arbeiten, weil Sie eine Orientierung haben. An den beiden offenen Teilen oben am Hufeisen stecken Sie zwei Stücke einfarbiges Band um die Rundung herum, damit der Anfang verdeckt ist, oder Sie arbeiten auf jeder Seite mit den 4 üblichen Anfangsstücken wie bei den Kugeln. Nun beginnen Sie von oben (offene Seite) mit dem Musterband in der Mitte und legen die beiden lila Bänder jeweils daneben, so daß sie nach hinten umgelegt und dort festgesteckt werden können. Die beiden Seiten werden gegengleich bis zur Mitte gearbeitet. In der Mitte, wo die Stücke zusammentreffen, wird eine passende Schleife angeklebt.

Tip: Das Hufeisen kann eine schöne Tisch-Dekoration werden, oder Sie hängen es an die Wand. Auch als alternativer Türkranz sieht es sehr dekorativ aus.

Rustikales Hufeisen

Hier eine Variante des Hufeisens, einmal etwas rustikaler. Im Partykeller oder in einem zünftig eingerichteten Eßzimmer wirkt es bestimmt toll.

Material

- 1 Styroporhufeisen
- 2,5–3 m gemustertes Band, 4 cm breit
- 3,5 m einfarbiges Band, 4 cm breit
- 2 m passendes Schleifenband
- 1 m Kordel
- 1 Päckchen Stecknadeln
- Schere

Anleitung
Die Arbeitsweise ist die gleiche wie bei dem Hufeisen auf Seite 16.

Tip: Die Form des Hufeisens können Sie auch schön als Grundlage für ein Gesteck verwenden und es mit einarbeiten.

Blauer Wandkranz

Dieser Tür- oder Wandkranz ist sehr einfach herzustellen, wenn er auch etwas Zeit in Anspruch nimmt.

Material
- 1 Styroporkranz, ca. 25 cm Durchmesser
- 5–6 m blaues Band, 4 cm breit
- 2 m passendes gemustertes Band, 4 cm breit
- 1,5–2 m passendes Schleifenband
- 1 m Band zum Aufhängen
- Blütenrispen passend zu den Bändern
- Stecknadeln
- Schere

Anleitung
Der Styroporring wird zunächst gut zur Hälfte mit dem blauen Band umwickelt. Der Anfang wird nur mit Stecknadeln von hinten fixiert. Das Ende lassen Sie ein Stück locker hängen und schneiden es ab.
Nun schneiden Sie das gemusterte Band und den Rest des blauen Bandes in 8 cm lange Stücke und falten sie vor.
Die noch sichtbare Hälfte des Kranzes wird jetzt mit einem Stift vormarkiert, und zwar einmal in der Mitte (dort legen Sie immer die Spitze des Musterbandes an) – und jeweils ca. 1,5–2 cm über dem inneren und äußeren Rand. Hier werden die Spitzen der blauen Dreiecke angelegt.
Sie beginnen mit dem Musterband in der Mitte etwas über dem bereits umwickelten Stück des Kranzes und stecken die Stücke fest, wobei Sie die äußeren Stücke nach hinten umlegen und dort feststecken.
Bitte beachten Sie, daß im inneren Kreis die Stücke sehr eng gesteckt werden müssen. Am äußeren Ring hingegen werden zum Ausgleich hin und wieder 2 Stücke befestigt, um den viel größeren Außenumfang auszugleichen. Hierzu schauen Sie sich bitte genau die Abbildung an.
Achten Sie beim Stecken stets darauf, daß Sie sich an der vorgemalten Linie orientieren.
Wenn Sie am anderen umwickelten Ende angekommen sind, wird die Wicklung ein Stück gelöst, über die letzte Reihe Ihrer gesteckten Dreiecke gewickelt und von hinten festgesteckt.
Jetzt können Sie den Aufhänger, die Schleife und die Blüte anbringen; wir kleben sie mit der Heißklebepistole fest.

Tip: Wenn Sie den Kranz von beiden Seiten „schön“ machen wollen (z.B. um ihn an eine Glastür zu hängen), können Sie hinten noch eine Reihe Musterband einarbeiten. Mehraufwand ist das nicht.

Herz in Rosa und Weiß

Dieses Herz ist nicht nur zum Muttertag eine nette Geschenkidee. Es kann das ganze Jahr über an Ihrem Fenster oder an der Decke oder an einer Lampe hängen.

Material

- 1 Styroporherz, ca. 18 cm hoch
- 4 m rosa Band, 4 cm breit
- 2,5–3 m weiße Spitze, ca. 2–3 cm breit

- 1,5–2 m altrosa Schleifenband, 2,5 cm breit
- 3 m weißes Doppelsatinband, 3 mm breit
- Stecknadeln
- Schere

Anleitung

Markieren Sie das Herz mit einem Stift, damit Sie es beim Stecken leichter haben.
Schneiden Sie sich das Band und die Spitze zurecht, und falten Sie beides vor. Beginnen Sie mit 4 Dreiecken an der unteren Spitze. Es wird mit 4 Dreiecken in Rosa weitergearbeitet, dazwischen werden die weißen Spitzendreiecke gesteckt. An der Rundung oben wird es etwas knapp, aber wenn Sie exakt arbeiten, dann klappt es.
Oben in der Mitte wird das Aufhängebändchen mit Schleifen und evtl. etwas Dekoration eingesteckt.

Spiralenkugel

Hier haben wir einmal eine andere Variante ausprobiert, eine Kugel zu bestecken, und wir finden sie sehr gelungen. Der Materialbedarf an Band ist allerdings bei dieser Technik wesentlich größer als bei der herkömmlichen.
Arbeiten Sie zuerst eine kleinere Kugel, das ist für den Anfang einfacher.

Material

- 1 Styroporkugel, 12 cm Durchmesser
- 8–9 m hellgrünes Band, 4 cm breit
- 8–9 m Band mit Efeumuster, 4 cm breit
- 2 m grünes Spitzenband
- 2 m beigefarbenes Doppelsatinband, 3 mm breit
- 2 m grünes Doppelsatinband, 3 mm breit
- Stecknadeln
- Schere

Anleitung

Diese Variante erfordert sehr exaktes Arbeiten.
Schneiden Sie sich etwas kürzere Stücke für den oberen und unteren Bereich, während in der Mitte etwas längere Stücke benötigt werden. Deshalb empfiehlt es sich, nicht

gleich das ganze Band zu schneiden, damit Sie noch etwas ab und zu geben können. Markierungslinien können Sie hier nicht verwenden, Sie müssen sich auf Ihr Augenmaß verlassen.
Beginnen Sie wieder mit den 4 ersten Dreiecken. Die nächsten 4 Stücke werden wie gewohnt gelegt, auch die 4 folgenden. Aber nun kommt die Variante: Legen Sie nicht mehr Spitze auf Spitze, sondern die Spitze auf die äußere linke oder rechte Kante des vorhergehenden Dreiecks. Dabei müssen Sie genau darauf achten, daß die unteren Kanten Ihrer Dreiecke immer gerade bleiben. Wenn Sie anfangen, nach rechts oder links zu „kippen", werden Sie schief und verlieren den Überblick. Wenn Sie sich für 1 Seite (links oder rechts) entschieden haben, müssen Sie dabei bleiben. Dadurch entsteht die Spiralenform. Im mittleren Teil der Kugel werden Sie merken, daß Sie etwas längere Stücke benötigen, um die Stecknadeln abzudecken, aber das sparen Sie oben und unten wieder ein, weil Sie dort etwas kürzere Stücke verwenden können.
Wenn Sie oben angelangt sind, können Sie die Kugel in gewohnter Weise dekorieren und den Aufhänger anbringen.

Phantasievolle Tiermotive

Marienkäfer

Als Tischdekoration finden diese Marienkäfer genauso Anklang wie als Geschenkidee, zwischen Blumentöpfe gesetzt oder auf den Tisch. Sie sehen auch auf einer Geschenkverpackung lustig aus.

Material für 1 Käfer
- Styroporei, 8 cm hoch
- 2 Wackelaugen, 8 mm Durchmesser
- schwarzer Filz oder Stoff
- schwarzes Moosgummi für das Unterteil
- evtl. schwarze Plusterfarbe oder Dekorlack-Liner für die Tupfen
- 1,5 m rotes Band, 2,5 cm breit
- Stecknadeln
- Schere
- Klebstoff

Anleitung

Für das Marienkäferchen schneiden Sie das Styroporei der Länge nach durch.
Das hintere Ende wird mit etwas Filz oder Stoff überzogen, so daß das Ei ca. zu ⅓ verdeckt wird.
Zeichnen Sie sich in der Mitte des Eies eine Hilfslinie ein, auf den beiden Seiten in der Mitte ebenso (s. Abb). Schneiden Sie das Band in 5 cm lange Stücke, und falten Sie die Stücke vor, dann können Sie schneller arbeiten.
Beginnen Sie am hinteren Ende in der Mitte mit dem ersten Dreieck, und legen Sie insgesamt 5 Stücke (bei 2,5 cm Bandbreite, 3 Stücke bei 4 cm Bandbreite) nebeneinander. Lassen Sie hinten etwas von dem schwarzen Stoff oder Filz hervorschauen.
Die beiden Dreieckreihen an den Seiten des Käfers werden jeweils nach unten umgelegt und dort festgesteckt. So arbeiten Sie bis nach vorne, Spitze auf Spitze gelegt. Je nach Geschmack können Sie die Spitzen der Dreiecke feststecken oder etwas abstehen lassen wie beim vorderen Käfer. Wenn Sie am vorderen Teil angekommen sind, kleben Sie schwarzen Filz über die Endstücke, so daß die Nadeln nicht mehr zu sehen sind. Achten Sie auch hier wieder darauf, daß Sie styroporverträglichen Klebstoff verwenden.
Die Augen kleben Sie vorne auf den Filz. Aus dem schwarzen Moosgummi schneiden Sie nun anhand der Schablone das Unterteil mit den Füßen aus und kleben es an. Jetzt kann Ihr Käfer loskrabbeln.
Wer möchte, kann nun mit der Pluster- oder Dekorlack-Liner-Farbe dem Käfer noch Tupfen aufmalen. Sie können aber auch mit einem Locher ausgestanzte Filz- oder Papiertupfen aufkleben.

Tip: Die Füße des Käfers können Sie auch aus Chenilledraht (Pfeifenputzer) arbeiten. Hierfür werden 3 lange Stücke so unter den Käfer geklebt, daß sie auf beiden Seiten noch herausschauen. Die Enden werden umgeknickt. Die Unterseite bedecken Sie mit schwarzem Filz oder Moosgummi.
Wer möchte, kann seinem Käfer vorne Fühler einsetzen, entweder mit Chenilledraht, mit Draht oder mit schwarzem Perlonfaden.

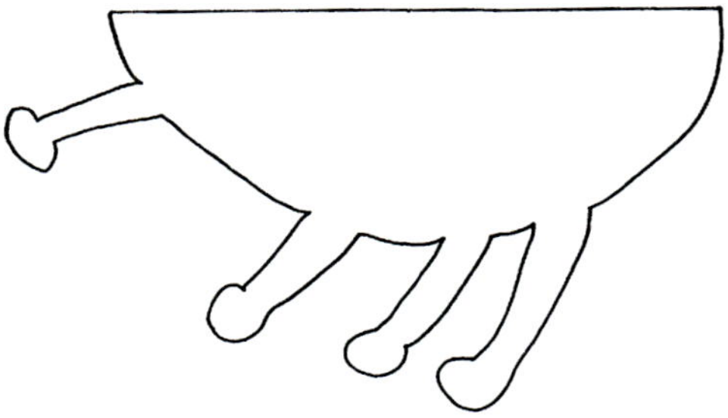

Henriette, das Huhn

Wäre das nicht ein schöner Blickfang für Ihre nächste Osterdekoration?

Material

- 1 Styroporhuhn
- 1 Rest roter Filz
- braune Bastelfarbe, Granit- oder Glitzersandfarbe
- 2 Glasaugen
- 7–8 m meliertes Band
- Stecknadeln
- Schere

Anleitung

Das Huhn ist von der Form her nicht ganz einfach zu arbeiten, aber wie Sie sehen, lohnt sich die Mühe.

Zuerst malen Sie den Kopf mit der braunen Farbe an, dann schneiden Sie das Band zurecht und falten es vor.

Wir haben mit dem Stecken am Schwanz oben begonnen und die Dreiecke dann fächerartig verteilt, um den Übergang zum Körper zu bekommen.

Die Teile, die am Hinterkopf liegen, werden mit Weißleim angeklebt, damit man keine Nadeln sieht.

Den Kamm haben wir mit etwas rotem Filz nachgeahmt und ebenfalls aufgeklebt, denn der Kamm der Styroporform fällt etwas klein aus.

Zum Schluß befestigen Sie noch die Augen, und Ihr Huhn ist fertig.

Paulchen, die Ente

Ist sie nicht reizend – unsere kleine Ente auf dem Teich?

Diese Form aus Styropor ist nicht ganz einfach zu arbeiten, wenn Sie mit der Artischockentechnik noch nicht vertraut sind, aber mit etwas Geduld wird sie Ihnen bestimmt auch so gut gelingen.

Material
- 1 Styroporente (ca. 18 cm lang)
- 1 Dose Granit- oder Glitzersandfarbe in Hellgrün bis Türkis
- 2–3 kleine Federn für den Kopf
- 1 Paar Glasaugen für Bären oder Puppen
- ca. 8 m grünblaumeliertes Band, 4 cm breit
- 1 Paket Stecknadeln
- Schere

Anleitung
Malen Sie zuerst den Kopf der Ente mit der Glitzersand- bzw. Granitfarbe an. Lassen Sie ihn gut durchtrocknen, und übermalen Sie die Stellen ein zweites Mal, wo die Farbe nicht gedeckt hat.
Dann können Sie die Augen ankleben und mit dem Stecken beginnen: Schneiden Sie sich das Band in 8 cm lange Stücke. Diese werden zu Dreiecken gefaltet. Beginnen Sie bei der Ente genauso, wie bei den Kugeln (s. S. 6). Zunächst werden die 4 Anfangsdreiecke festgesteckt, und zwar hinten an der Schwanzspitze. Von dort aus müssen Sie nun etwas improvisieren, denn Sie müssen die Dreiecke entlang der Entenform feststecken. Am besten orientieren Sie sich an der Abbildung.

Schlaue Eule

Auch die Eule wollten wir einmal mit Artischockentechnik einkleiden. Sieht sie nicht majestätisch aus?

Die Eule ist nicht für Anfänger geeignet, aber trotzdem lohnt sich die Mühe.

Material
- 1 Styroporeule (ca. 25 cm hoch)
- 1 Dose Granit- oder Glitzersandfarbe in Beige oder Grau
- braune Bastelfarbe
- 1 Paar Glasaugen für Bären oder Puppen
- 2 m bordeauxgemustertes Band für den Bauch, 4 cm breit
- 11 m blaugemustertes Band, 4 cm breit
- 1–2 Päckchen Stecknadeln
- Schere

Anleitung
Hier beginnen Sie am besten zuerst mit dem Anmalen. Der Kopf und die

Füße werden mit der Granit- oder Glitzersandfarbe dick bestrichen und gut durchtrocknen lassen. Dann wird ein zweites Mal übermalt.
Nach dem Trocknen verfeinern Sie die Augen und den Schnabel noch mit brauner Bastelfarbe. Danach können die Augen auf- bzw. angeklebt werden. Wenn die Augen einen Stift oder eine Öse haben, können Sie in das Styropor eingeklebt werden. Dafür machen Sie vorher ein kleines Loch und kleben die Augen dort hinein. Aber Vorsicht: nur styroporverträglichen Kleber verwenden, sonst schmilzt Ihr Schmuckstück!
Wenn die Farbe gut durchgetrocknet ist, können Sie mit dem Stecken beginnen.
Zunächst schneiden Sie Ihre Bänder in 8 cm lange Stücke. Das Band für den Bauch legen Sie sich zurecht und beginnen am Bauch unten. Da die Eule zur Seite schaut, müssen Sie sich an den Füßen orientieren. Also fangen Sie an den Füßen mit 6 nebeneinanderliegenden Dreiecken an und stecken die Stücke immer weiter in gewohnter Weise darüber, bis Sie am Hals ankommen.
Jetzt können Sie mit dem blaugemusterten Band am Schwanz unten anfangen, und zwar so, daß die untere Reihe etwas übersteht, damit der Styroporrand nicht zu sehen ist.
Auch hier arbeiten Sie einfach nach oben, indem Sie Dreieck über Dreieck, Reihe über Reihe stecken, bis Sie am Hals oben angelangt sind. Hierbei ist besonders darauf zu achten, daß Sie die Reihen so legen, daß sie mit denen vom Bauch etwa in einer Höhe sind.
Der Kopf wird von oben begonnen. Zuerst „überziehen" Sie die Ohren mit 2 Dreiecken, dann befestigen Sie in der Mitte ein Dreieck, dessen Spitze zur Vorderseite des Kopfes zeigt. Anschließend wird Reihe für Reihe weiter gesteckt.
Am Hals haben wir die Bänder einfach aufgeklebt, damit man keine Stecknadeln sieht.

Festlicher Weihnachtsschmuck

Tannenzapfen

Diese Tannenzapfen sind nicht nur als weihnachtliche Dekoration für den Tannenbaum oder das Fenster sehr beliebt, nein, Sie können sie das ganze Jahr über aufhängen, wenn Sie nicht gerade Weihnachtsbänder verarbeiten.

Goldener Zapfen

Material

- 1 Styroporzapfen, ca. 12 cm lang
- 3,5 m Goldband, 2,5 cm breit
- 3,5 m gemustertes Band, 2,5 cm breit

- 2 m Band zum Aufhängen, 3 mm breit, hier Apricot
- 1,5–2 m Schleifenband, hier Goldgitter
- Nadeln
- Schere

Anleitung

Der Zapfen wird im Prinzip genauso gearbeitet wie die Kugel auf Seite 6. Sie beginnen wieder mit dem Schneiden der Bänder (hier 5 cm lange Stücke) falten sie vor und fan-

gen unten mit den 4 Anfangsdreiecken an. Dann stecken Sie die Stücke Spitze auf Spitze, Farbe auf Farbe, bis nach oben.
Wenn Sie oben angelangt sind, stecken Sie das Aufhängeband fest und bringen die Schleifen an.

Tip: Sie arbeiten genauer, wenn Sie sich vorher Hilfslinien mit einem Stift auf dem Zapfen vormalen.

Rosa Zapfen

Material

- 1 Styroporzapfen, ca. 12 cm lang
- ca. 5,5 m rosameliertes Band
- 1,5 m passendes Schleifenband
- 2 m Band zum Aufhängen
- Schere
- Stecknadeln

Anleitung

Dieser Zapfen wird genauso gearbeitet wie der goldene Zapfen.

Tip: Sie können diese Art Zapfen auch als Quaste dekorieren, indem Sie den oberen Teil mit einer passenden Kordel spiralförmig bekleben und einen Aufhänger befestigen. So können Sie die Zapfen schön als Dekoration in Gestecke einarbeiten oder als Einzelstück an einen Schlüssel am Schrank hängen.

Blauer Zapfen

Material

- 1 Styroporzapfen, ca. 10 cm lang
- ca. 4 m schwarzblaugoldenes Band, 2,5 cm breit
- 1,5 m passendes Schleifenband
- 2 m Band zum Aufhängen
- Stecknadeln
- Schere

Anleitung

Auch dieser Zapfen wird wie der goldene Zapfen gearbeitet.

Ovale Dose

Bewahren Sie Ihren „Krims-Krams“ auch gerne in solchen hübschen Dosen auf, und sind sie nicht ein Blickfang auf einer Kommode oder im Wohnzimmerschrank?
Auch als Geschenk werden sie sicher immer gut ankommen, zumal Sie den Geschmack des zu Beschenkenden hier voll berücksichtigen können.

Material

- 1 ovale Styropordose, ca. 20 cm lang
- Tapetenreste zum Auskleiden
- Glitzersand- oder Granitfarbe
- 3–3,5 m gemustertes Band, ca. 6 cm breit oder breiter
- 1 m passendes Goldband, ca. 6 cm breit
- 1 guter Meter Goldborte für außen

- 1 guter Meter Goldborte für innen (Schlingenborte)
- extra kurze Stecknadeln für Dosen
- Schere
- Weißleim
- Kerze

Anleitung

Zuerst bekleben Sie das Unterteil der Dose von außen mit dem gemusterten Band. Den Rest schneiden Sie in 18 Stücke, wobei die 4 Stücke, die zuerst gesteckt werden, etwas kürzer werden können.
Die Ränder des Deckels und des Unterteils werden mit der Granit- oder Glitzersandfarbe dick bestrichen und trocknen lassen. Anschließend reiben Sie sie mit einer Kerze dick ein, damit nichts klemmt. Den Deckel markieren Sie sich mit einem Stift vor, damit Sie es beim Stecken leichter haben. Dann befestigen Sie die Stücke anhand der Abbildung. Arbeiten Sie von innen nach außen. Die Ränder werden mit der Goldborte beklebt, nachdem das überstehende Band einfach abgeschnitten wurde.

Der Innenteil der Dose wird mit dem Tapetenrest ausgekleidet, und die Ränder werden mit der Schlingenborte abgeklebt.

Tip: Wenn Ihre Goldborte außen breit genug ist, können Sie sie über den Rand kleben, das sieht besonders gut aus.

ENGLISCH VERLAG kreativ

ISBN 3-8241-0674-4
Broschur, 64 Seiten

ISBN 3-8241-0702-3
Broschur, 32 Seiten

ISBN 3-8241-0617-5
Broschur, 32 Seiten

ISBN 3-8241-0609-4
Broschur, 32 Seiten

ISBN 3-8241-0703-1
Broschur, 32 Seiten

ISBN 3-8241-0641-8
Broschur, 32 Seiten